黄花梨鉴赏与应用

赵大吉 著

中国美术学院出版社

一树长百年，

百年成一木，

一木传千年，

海南黄花梨。

———赵大吉

 赵大吉

　　籍贯江苏省东台市，1957年7月出生于上海；毕业于中国地质大学（武汉），高级技师。在木材行业工作40余年，对木材的树种的鉴别以及对红木家具的生产工艺、流程有独到之处；《红木及红木家具》已出版发行。

序

谭存阳

（《中国木材》主编、中国木材与木制品流通协
会副会长、上海市林学会副会长）

《红木与红木家具》一书出版之后，作者赵大吉先生开启
了一扇通往红木世界的时空之门，让红木爱好者和广大消费者
饶有兴致地往来穿梭、玩味其中，为红木与红木家具"飞入寻
常百姓家"搭桥铺陈、精准引路。

应大众要求，赵大吉先生再度珍林辨宝、沧海拾珠，以位
列红木之首的黄花梨为题，全新创作了《黄花梨的鉴赏与应用》
一书，用五个章节的篇幅，深入浅出地介绍了海南黄花梨的性
状特征、家具工艺、使用与保养、损坏与维修，在艺术与技术
的交汇平衡中，穿古越今，博扬风物。

更加难能可贵的是，经过作者孜孜以求的探访寻觅，在书
中恰到好处地呈现了诸多珍贵的实景图照，让海南黄花梨的

"源、品、格、工、艺"五味交织、神采焕发，伴随着阅读的步步深入，缓缓浸润读者心田，引发心灵共鸣。不著一字，却尽得风流；返璞归真，却意境古雅。

希望红木爱好者和广大消费者都能欣赏到这本不可多得、实属难得的鉴赏图书，再度领略红木文化的无尽魅力，乐享美好生活，共度锦绣人生。

目录

第一章

海南黄花梨

中文名：海南黄花梨。

学名：降香黄檀。

拉丁文学名：Dalbergia odorifera

海南黄花梨在《红木》（GB/T18107-2000）中归属于黄檀属香枝木类，从古至今都被列为红木之首。

海南黄花梨原产地在中国海南岛吊罗山类峰岭低海拔的平原和丘陵地区，一般生长于海拔350米以下的山坡上（图1、图2）。其主产地为黎族地区，但在海南的其他山区也有生长，分布于琼山、东方、白沙、三亚、乐东等地。由于地理条件的影响，其生长成材缓慢，木质比较坚硬，木材花纹漂亮、颜色多样。黄花梨树木剖开后可见浅黄色、深黄色、褐色、紫色、黑紫色、黑色等材质颜色，其颜色柔和，会散发出淡雅的木质酸香味，尤其在加工锯切时其木材的香味特别浓郁。成年的黄花梨树木经过锯切造材可以制作高档红木家具，根部可以用以雕刻工艺品，如手串、手把件，锯切下来的木屑也可以加工成

图 1   图 2

中药的辅料、香薰。黄花梨木材用于家具制作的历史悠久，从明代便开始大量采用海南黄花梨制作宫廷家具。在明代宫廷没有用黄花梨木材制作家具之前，当地的人们只是把它用作建造房屋的建筑材料及农耕用具的材料（图3、图4）。清朝宫廷也在不断地采伐黄花梨木，导致其数量急剧减少。明、清两代出现了很多黄花梨家具，经过时代的变迁，传承下来的黄花梨家具今日成为了收藏界的宠儿，是很多红木爱好者爱不释手的首选家具，是名符其实的木中之王、家具之王。（如何鉴别海南黄花梨，作者在《红木及红木家具》一书中已有阐述）

图 3

图 4

黄花梨树木在生长过程中遭到自然灾害的侵蚀，会产生断枝和缺损（图5）。图5中这颗黄花梨树遭到外力破坏的程度是比较严重的。在这样的情况下，树木本身会自行修复伤口，会有大量的树脂分泌液集中涌向伤口，对缺损边缘进行保护。图5中的红色液体就是黄花梨树的分泌液体，也就是树的油脂。伤口有了这层油脂的保护就不会再受到虫子的侵害。这种红色的油脂是黄花梨生长过程中产生树芯格的基本原料。油脂越多，芯材部分的格就长得越快，成材后的颜色及花纹会更漂亮。

图 5

一、黄花梨的生长过程及树形特征

　　海南黄花梨的生长受地域条件的限制，需满足特定的气候条件，在自然环境中生长。黄花梨木 30 多年前都是自然生长，数量稀少，后期才逐渐有人工的栽种。因此黄花梨的生长有两个途径：一是野生林，二是人工林。无论是野生林还是人工林，黄花梨的成年树木每年都会开花、结果、落叶。成熟的果实会随风飘落，遇到合适的环境就会自然生根、发芽、成长。黄花梨的根系生长很繁茂，生命力极强，可以穿过石缝生存。一旦生根发芽，其树苗生长速度比一般的树苗长得快。根据作者的观察，黄花梨生长到 30 厘米，树干直径就在 0.5 厘米至 1 厘米之间，根系的长度是树苗的一倍还多（图 6、图 7）。

图 6　　　　　　　　　　　　　　　图 7

人工林的栽培技术目前是比较成熟的，在我国的海南、广东、福建、台湾都有栽培种植。人工林一般都是将成年的树枝剪切下来进行栽培，取长约 20 厘米的健康直条树枝，在每年的冬末初春进行插土栽培。播种的泥土不能太干，气温不能太低。在泥土中拌入一些河泥，搅拌后将树枝埋入土中，正常 2 个月左右就会生根发芽，成活后的树枝生长情况与野生林基本一致。

　　黄花梨树木的整个生长过程大致可以归为两个阶段。第一阶段主要生长树干及树冠，不长格（芯材部分）。这个阶段一般要经过 15 年至 20 年时间。树高可达 7 米以上，树的胸径一般在 30 厘米左右，这时才会慢慢地生长出芯材的部分，可是芯材部分可取用之材非常细，通常直径只有 1 厘米左右，因此做不了家具及工艺品。第二阶段主要生长成粗、大、高的树木，开始有芯材（格）的部分（图 8），树干增粗。这个过程相当缓慢，需要几代人的耐心等待才能砍伐，取其芯材生产产品。在这个漫长的生长过程中，黄花梨木会受到外界气候条件、地理生长条件的影响，成长出来的芯材会有不同的物理性质，颜色有深有浅，香味有浓有淡，密度有密有疏（图 9、图 10、图 11）。

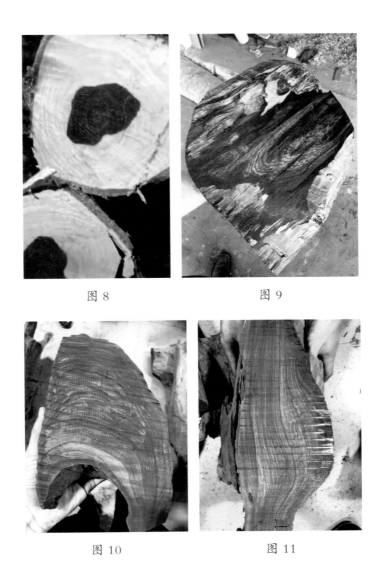

图 8　　　　　　　　　　图 9

图 10　　　　　　　　　图 11

海南黄花梨的成年树干一般不会是笔直的，受到气候及地理环境影响会弯曲（图12、图13）。生长条件越是恶劣，成材后的黄花梨越有收藏价值。当黄花梨受到外力因素干扰后，如主干的某个部位受到伤害、挤压，它就会生长出树瘤，纹路奇特，并且会生长成局部的不规则的图案，人们称之为"鬼脸"。成年海南黄花梨的树冠非常大，枝叶繁茂，水分含量大。因其重心偏下，树干常常会受到挤压而变形。

图 12　　　　　　　　　　　　图 13

二、海南黄花梨木的特征

　　海南黄花梨被砍伐后，将锯切成需要的规格尺寸。在造材过程中会看到横切面边缘部分是白色的，而芯材是有颜色的，需要去除白色边材取之芯材。一棵树的芯材部分不同，颜色也各不相同，锯切成板材时会有不同的花纹图案出现，特征明显的花纹有鬼脸花纹、鬼眼花纹、狐狸脸花纹、麦穗纹花纹、蟹脚纹花纹、山水纹花纹以及水波纹花纹（图14、图15、图16）。这些花纹的颜色也呈多样性，有黄色、淡黄色、紫色、黑色以及蓝的荧光色，根据颜色的不同可判断出木材中的油性状态。油性越多，木材越硬，密度越高，抗腐抗压能力越强。根据颜色结合油性状态又可分为糠梨料（图17）和油梨料（图18）。油梨料中又分出紫油梨料和黑油梨料。除了这些明显的可用肉眼看得到的状态外，海南黄花梨有一种特别的木料香味，

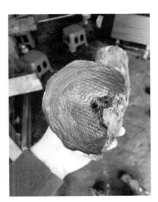

图 14　　　　　　　　　　图 15　　　　　　　　　　图 16

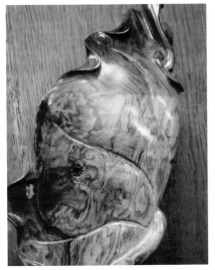

图 17　　　　　　　　　　　　图 18

密度越高香味越浓，这种气味永存在木料之中。然而在产品的使用过程中，随着年代的久远，木材表面会产生污染或者氧化，封住木材的棕眼，其香味会消失，这时人们只要清洗表面，去除污渍，木材干燥后香味自然飘出。

海南黄花梨的糠梨部分是我们平时生产家具的主要材料来源，板面宽而长，花纹多样漂亮，是花梨木的主干部位，取材率高，常用于家具的各部位，如面板、腿等关键部位。黄花梨中的油梨部位通常不适合做家具，基本都是树根部位，取料困难，但密度相对比较高，一般都用来生产工艺品，如手串、把玩件等。

不管是黄花梨的糠梨还是油梨部分，生产出来的产品通过刮磨、打磨、抛光，表面都非常细腻且晶莹透亮、荧光强烈，有些表面呈半透明琥珀状，用手抚摸滋润光滑，有丝绸般的手感。海南黄花梨的木质结构和表面纹理是任何一种木材都无法比拟的，自然却不张扬。

三、海南黄花梨的三个切面

1. 横切面

横切面是垂直于树木生长的方向锯切所得到的切面。从切面上可以清晰看到很多圆圈。这种圆圈叫做年轮，是树木生长的年龄的表现，同时也能看清木材细胞组织。横切面是识别木材的重要切面。这个切面的耐磨硬度大，不易折断和刨削。从年轮不规则的现象可以判断出木材的阳面和阴面，在生产家具时有一定的参考价值。（图 19）

2. 径切面

径切面，民间亦叫竖切面。这个切面是与年轮相垂直的纵向切面，标准的切法就是通过髓心把木材切开，其剖面为标准的径切面。这时肉眼看到的板面年轮是直线，民间亦叫直纹板。

这个切面得到的板材收缩率小、不易翘曲、硬度好，利用在家具的腿和面宽上最合适。（图 20）

3. 弦切面

弦切面，民间亦叫旋切面，是顺着树干方向纵向锯切得到的剖面。弦切面的面板花纹大，呈"V"字型，也叫"山"纹。这种面板的纹理结构特点漂亮、大气，似一幅山水画。然而这种面板的收缩比率较大，做产品时处理含水率很重要。必须通过自然干燥或者人工干燥来处理木材中的含水率，使其达到使用地的气象年平均含水率水平，再生产家具或其他产品，这样才不太容易产生开裂和明显的收缩，影响家具的美观。这个部位的切面取材主要用在家具的表板等肉眼明显看得到的部位，极具欣赏价值。（图 21）

图 19

图 20

图 21

第二章

海南黄花梨家具
（穿越古今的海南黄花梨）

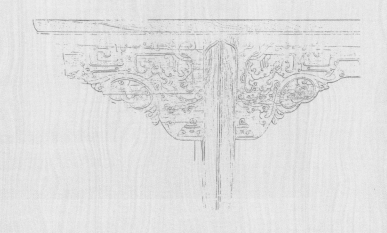

海南黄花梨木生产的家具使用生产历史悠久，明朝永乐年间便开始大量使用黄花梨木做宫廷家具，当时的家具器形很大程度上继承和发扬了宋代的儒雅文人风格。明朝在宋朝的基础上不断改进、提升、完善，独创了符合和满足当时社会上层的一种需求，在器型、结构、工艺、用料上追求完美，超越了前朝，并对后期的家具发展产生了深远影响。明朝家具以其独创的风格在海南黄花梨家具中起到了承前启后的作用。明朝的家具不仅以朴素、简洁著称，而且在简洁中施以小巧的装饰，这种装饰与家具结构紧密结合，既起到了支撑重量的作用，使家具在使用过程中更加坚固，同时也起到了美化家具的特别效果。

　　清代，海南黄花梨家具数量明显减少，主要原因是原料的短缺。清朝海南黄花梨家具的生产在明朝的基础上进行了明显的调整，这是因清朝的统治阶层的需要和民族不同产生的差异。他们注重家具的装饰，雕刻了大量的图案，最有代表性的一款清代黄花梨顶箱柜家具雕满了龙的图案，象征天子，象征权贵（图22），今存放在北京故宫博物院。

图 22

明、清两代的海南黄花梨家具经历了数次的战争及改朝换代到了现代，数量极少。新生产的黄花梨家具一般都是模仿明、清时期的款式，在器型上也没有突破明朝、清朝的范畴。在生产用料方面，现代黄花梨家具已经很少使用天然林的黄花梨木，基本上都是采用人工林的木料进行生产。虽然说与古代家具相比存在很多差异，但其表面的颜色、花纹还是有一定的特点。一件在器形、图案等各方面都非常精细的现代黄花梨家具也是不易得到的藏品（图 23 ）。

图 23

一、明代黄花梨家具图

图 24

图 25

图 26

二、清代黄花梨家具图

图 27

图 28

图 29

三、现代黄花梨家具图

图 30

图 31

图 32

四、黄花梨家具中的部件名称及作用

一件完美的黄花梨家具是由各个部件安放在不同的位置组合起来的组合体，这些部件都有其专有名称、安装部位及其作用。部件生产的要求非常高，不管是从尺寸的大小、形态的变化，还是安放的位置来说，都直接影响后期产品的器形、韵味、可观性和可收藏性。巧妙地将各个部件进行设计搭配是黄花梨家具的最大优点。

1. 牙子

牙子亦称"牙条"。牙子是与主件结构紧密相连的构件，是立木与横木连结的主要部件，起到支架的作用，使两者之间更为牢固。一般运用在交角处，有直角连结、圆角连结和弧角连结。牙子虽然是连接件，但也起到了修饰家具的作用，根据形状可分为云纹牙子、凤纹牙子、祥云牙子等，给家具增添美感。牙子在任何一款家具中都是必不可少的重要部件，没有牙子的黄花梨家具是不存在的。（图 33、图 34）

图 33

图 34

2. 券口和圈口

券口和"圈口"，是镶在家具的四条立柱之间的镶板或者镶条。券口只装饰横柱与立柱的上方、左方、右方，而圈口是装饰在横柱与立柱的上方、下方、左方、右方。券口和圈口也是起到连接件作用，使横柱与立柱连接之间相互依靠增加牢固度。根据不同家具的器形变化，券口与圈口形状随之而变。（图35、图36）

图 35

图 36

图 37

3. 档板

　　档板是指位于桌案、椅类左右两侧，即前后腿之间的侧面。档板不仅加固了桌腿的稳定性，也起到了家具整体美观的协调性作用。档板可以雕以各种吉祥的图纹来装饰家具。（图37、图38）

图 38

4. 矮老

矮老是一种短而小的、竖着的枨子。通常是短小的柱子，或者是有形式的起到柱子作用的物件。用于跨度较大的横枨上，用来固定上、下两根平行横档。矮老常与罗锅枨配合使用，常用于桌案、条案一类的案面之下，以支撑桌面，提高四腿的稳定性。（图 39、图 40）

图 39

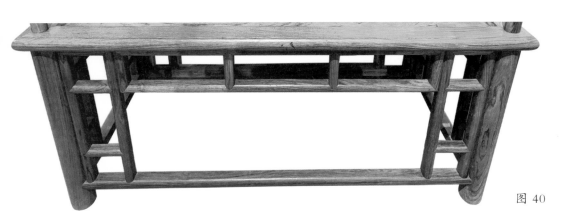

图 40

5. 卡子花

　　卡子花与矮老在家具中的使用效果与作用基本上是相同的，但卡子花与矮老在形态上有明显的区别。卡子花可以做出许多造型及图案，可以用回字纹、祥云纹、铜钱纹或双圈联结等形状来美化、装饰家具。（图 41、图 42）

图 41

图 42

6. 托尼

　　托尼是安装在沙发、宝座、皇宫椅、圈椅等椅类家具中的常用件，形态简单，虽然只是一块木板条，但作用比较大。安装在家具四条腿的底部，形成一个方形框架，起到加固四条腿的作用，使人坐上去有四平八稳的感觉。（图 43、图 44）

图 43

图 44

7.枨子

枨子主要起到连接桌腿、椅腿与桌面、椅面的作用，形似木条，是家具中不可或缺的部件。枨子的形状可根据不同家具的款式需要而改变。（图45、图46）

图 45

图 46

8. 搭脑

　　搭脑是指装在椅子靠背最上方的一根横档，用于连接椅子两根立柱及椅子靠背后面的靠板，位置居中。在生产过程中可根据人体的坐姿、形态和背形进行弯度调整，使得人们在休息的时候，头可以靠在上面。（图 47、图 48）

图 47

图 48

9. 束腰

　　束腰是指家具中面板与牙子（牙条）之间缩进去的部分，形似人们的腰带。束腰有高束腰和低束腰，是古典家具中一个重要的组成部件。（图 49、图 50）

图 49

图 50

10. 冰盘沿线

　　冰盘沿线是凳、椅、桌、案、床、柜等家具上都要使用到的一种线脚，只要有台面的家具基本上都覆盖到了。冰盘线有对称与不对称之分，不对称的叫冰盘沿线，类似盘子的边缘。（图51、图52）

图 51

图 52

11. 插角

　　插脚亦称角牙，在明、清家具中是不可缺少的重要部分。形状多为三角形，是家具横、竖交接处的连接件，也是加固件，也起到美化家具的作用。（图53）

　　以上11种部件只是古典家具中的一部分，在黄花梨家具的器形上都必不可少。这些重要部件都有严格尺寸要求和形态规范要求，但可以根据不同家具的用途、器形进行合理的、严谨的调整。时至今日，这些老部件的名称、工艺、尺寸等相关要素都保持了原始的状态要求，充分体现了黄花梨家具穿古越今的深刻含义。

图 53

第三章

海南黄花梨家具的
使用与保养

海南黄花梨家具由于非常珍贵、稀少，在使用和保养中都必须精心呵护。要使黄花梨百年不坏、百年不腐、百年不变器形，一方面与生产有关，更重要的一方面是使用过程。根据作者调查，目前完美无损的古典红木家具大都在大型的国家博物馆里供人们参观，而民间存用的古典黄花梨家具或多或少存在损坏状态。

一、海南黄花梨家具的使用

　　如何正确使用黄花梨家具，延长使用寿命，使之流传百世，其使用过程相当重要，而使用过程涉及地域气候的影响。黄花梨家具的使用过程在南方与北方有明显的区别，使用不当会使家具出现变形、扭曲、开裂、散架等各种状态的损坏。所以在选购、定制前要与生产方沟通家具使用的地理位置，把使用地常年的湿度、温度告知生产方，让生产方根据要求制定木材处理方案，避免后期产品质量问题给使用带来不必要的烦恼。南方的天气湿度大、温度高，北方的天气干燥、湿度低，因此南方生产的黄花梨家具不宜运到北方，同理，北方的黄花梨家具不宜运至南方使用。源头控制黄花梨家具南北方使用，保持良好的器型及不变型、不开裂，最好的方法是在南方使用就在南方生产，在北方使用就在北方生产。将黄花梨板材原料运至南北各地放置一年以上，让木材适应当地的气候，这样生产出来的家具在使用过程中一般不会产生很大、很多的问题。

海南黄花梨家具，对摆放的空间场所有一定的环境要求。摆放的空间需要与家具的湿度、含水率基本保持相对一致，家具能够随着干缩湿胀来调节木材的伸缩比。古代人在使用黄花梨家具时，住房的条件是非常适合家具的摆放的。那时的房屋是砖瓦结构，地面铺的是青石，室内湿度与温度常年没有太大的变化。地面青砖起到了调湿作用，所以古典黄花梨家具使用几代都可以保持原有器型（图54、图55）。而现代社会的高速发展改变了住房条件，给古典传承下来的黄花梨家具带来了不小的影响。因此，现代人在使用黄花梨家具时更应注重环境给家具带来的影响，在使用前应选好摆放的位置。

1.在摆放家具时，不要选择阴暗的、潮湿的、水份高的墙面一边。长时间的潮湿使家具的木材水分常年偏高，会出现膨胀，脱榫的情况，各个接口容易产生胀裂。一旦产生霉烂，将会影响人的身体健康，对家具的使用寿命也有很大影响。在这种状态下使用，一定要注意通风，减少空气湿度，用除湿器定期进行除湿。

图 54

图 55

2. 不要将黄花梨家具放置在阳光充足的窗户前及风口处，常年累月地阳光直射或在风口下，会使家具褪色、干裂、翘曲、散架、脱榫。解决的方法是将家具摆放位置附近的窗户拉上不透光的窗帘，对风口进行遮挡。必要时家中放置一个湿度计，空气中水分过低时进行加湿。

家具最好隔几年调整摆放的位置。在对家具进行搬动时，不要硬拖，家具使用年久后榫卯结构会发生细微变化，随意拖移会使家具的榫卯结构松动，久而久之产生开裂。所以在移动家具时最好有专业人员指导或者多人抬搬移位。以下为正确搬运方式。

1. 移动家具时，应搬出柜内物品，并封闭门、抽屉，以免家具倾斜，部件滑落伤人。搬动时切忌硬拖猛推，以免脚盘和榫头松动、断裂。

2. 由于名贵木材制作的家具都很重、很脆，一个人搬的时候容易出现一侧先着地，而造成重量瞬间加在一只腿上使家具受到损坏。所以，最好是由两人或四人同时搬、同时放，避免撞坏、磕坏。

3. 搬椅子不能搬扶手，两手应放在椅面下，因扶手的榫卯较为脆弱，容易损伤。也不能搬其后腿，因为后腿较细，承受不了整只椅子的重量，这样做容易损坏。

4. 搬桌子不能搬脆弱的雕花部位。最好面朝下搬动和码放，以降低其重心。搬动时，两手应放在前后两侧的牙板上，切不可放在两端的护头板上。因为家具中的护头板是薄弱部位，它与牙板之间只用一根小榫连接着。

5. 搬柜子必须把门销插上，把抽屉锁好，最好是用绳子先"打围"，捆绑上两圈，保护家具的柜门与抽屉，以免在搬运过程中因倾斜而甩出、摔坏。搬柜子的人应站其两侧，一侧的人搬柜顶部，另一侧的人抬柜下脚，使柜子侧倾，与地面呈45度角。这样较为省力，也比较安全，是内行搬法。

6. 搬床类应先把床上的围屏、架子等部件卸下，放在床面上，捆好后再搬。安装使用时，要根据榫卯结构特征对齐再安插起来。

二、黄花梨家具的保养

黄花梨家具使用一定时间后需要进行保养。保养的目的有二：一是保养时可以观察家具是否开裂、变形，表面有无受损、褪色情况，如果有的话可以进行及时处理。二是通过保养可使家具焕然一新，延长使用寿命。但在保养时切不可以用湿布擦或者化学清洗剂擦抹，这样容易使家具吸湿膨胀导致表面光泽受损。黄花梨家具应根据不同的区域安排保养，根据不同的季节用不同的方法进行保养。以下为保养注意事项。

1. 不要用湿布去擦家具灰尘。应首先将家具表面灰尘轻轻拂去，再用干的纯棉布擦拭，以免颗粒尘埃损害家具表层。

2. 不能直接用化学清洁剂、酒精、汽油来擦拭带有污渍的红木家具。这些所谓的清洁剂会擦掉家具表面的涂料，破坏漆的光泽。用核桃油或蜂蜡等天然保养剂轻轻擦拭污渍是最正确的方法。

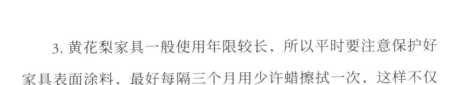

3.黄花梨家具一般使用年限较长，所以平时要注意保护好家具表面涂料，最好每隔三个月用少许蜡擦拭一次，这样不仅使家具更美观，而且可以保护木质。

4.可简单地擦蜡（用溶剂溶解蜂蜡或适度加热融化蜂蜡）保养家具，尤其是家具的背面。注意要量少、次数少，只擦家具背面、底面，不擦正面，用蜡对家具的水分进行适度封锁。

5.台类黄花梨家具的面板，为了保护漆膜不被划伤，同时又要显示木材纹理，一般在台面上放置厚玻璃板，且在玻璃板与木质台面之间用小吸盘垫隔开。建议不要用透明聚乙烯水晶板。

6.用于保养家具的核桃油只适用于没上漆、用打蜡方式处理的家具。核桃油使用频率不宜过高，一般情况下2—3个月使用一次即可，在比较干燥的环境中可以适当缩短保养间隔时间，一个月左右保养一次。还要特别提醒的是，虽然核桃油可以"晾干"，但是平常使用时一定要注意用量，油都有吸尘的特点，用量太大会让尘土附着，产生油腻的感觉。

7. 室内要保持适当的湿度。如经常用湿布擦地、使用加湿器或养鱼，这对人与家具都有好处。

以下为四季保养的注意事项。

1. 春季

春季是保养家具的最佳季节，春季的温度、湿度相对稳定。木材中的含水率在这个季节处平衡状态。因此这个季节保养不会使家具发生变化，其稳定性好。在保养前用干净的软布擦去家具表面的污渍和灰尘，然后用稠一点的蜂蜡进行全面的涂擦，包括家具的背面，让蜂蜡均匀地渗透到木质里，起到保护、防湿、防干的作用。全部擦拭一遍后，稍等片刻，再用干净的清洁软布略微用力擦一下所有涂过蜂蜡的部位，这时的家具又亮又滑又干净。用核桃油来擦也可以，但比较复杂，需用较大的力气擦涂。不能将灰尘留在油面，要及时清除。另外核桃油不易及时干，就很容易吸尘，给后期保养增加难度。

2. 夏季

进入夏季后首先检查一下家具是否产生过人为的移动，移动后摆放的位置是否平稳。如果发现家具有倾斜的现象，如门有高低等，就要调整家具使其摆放水平。因为倾斜摆放时重心偏移，会挤压家具的各个部件，譬如门、抽屉都会被挤压变形，影响正常使用。检查完这些程序后，再按照春季的保养方法进行保养。

3. 秋季

秋季对于南、北方来说空气都是比较干燥的，经过春季和夏季气温、湿度的从低到高变化再进入秋季气温与湿度逐步从高到低这个过程，家具免不了会产生微小的变化，会在使用过程中经常听见响声。如果在春季和夏季对家具都没有进行过保养的话，秋季保养也是比较好的，为进入冬季做好防护。在保养时尽量多抹一点蜡，多擦两遍。目的是将家具中原有的水分锁住，这样做有利于家具适应收缩开裂的变化，也是保证在冬季时有足够的自我调整的湿度。具体的擦涂参照春季保养方法。

4. 冬季

冬季是休养生息的调整季节。对于黄花梨家具的保养、护理而言，是值得重视的季节。冬季不要像春季、夏季、秋季那样进行全面保养，只要控制好室内的湿度，基本不会发生质量问题，但在进入冬季的初期最好用蜂蜡把家具的背板、内部结构擦一遍，表面用干净的棉布擦去灰尘就可以。

经过四个不同季节的保养防护后，家具基本不会出现问题，只要不受外力的损伤，使用几十年甚至几百年都是可以的。总之，在使用过程中远离阳光、远离风口、远离高温、远离高湿，如果避免不了，使用设备进行除湿降温，一样可以使家具流传百世。

第四章

海南黄花梨
家具的修复

海南黄花梨家具经过几代人的使用，使用环境的变化或者使用不当都会使其产生大小不一的损伤，尤其是新生产的家具，会有各种小的表面开裂和翘曲的情况。虽然是正常现象，但还是会影响到家具的使用，特别是从观赏性角度来看就不再完美。黄花梨家具一般常见问题不外乎以下几种，通过专业人员的修复完全能达到完美如初的状态。

1. 细微开裂。

2. 中裂。

3. 大裂。

4. 榫卯松动、散架。

5. 折断、缺件。

6. 霉变腐烂。

　　以上六种损坏状态发生的概率较大，尤其是前四种，如果不及时进行修复，会使家具的损坏情况更为严重。黄花梨家具比较稀缺，价值高，观赏性强，具有收藏价值，所以进行及时修复是对黄花梨家具最好的保护。

一、细微开裂的修复方法

　　黄花梨家具在使用过程中各部件会产生不同的细微开裂，这是常见的现象。细微开裂亦叫丝裂，产生的原因是家具中的含水率与使用环境中的温度、湿度有差异。家具的表面水分挥发比较快，所摆放环境空气中的水分小于家具含水率，干燥的空气把家具表面水分吸收后就会产生细裂。修复时用 1000 目的砂纸对开裂处进行磨砂，磨砂至有细的木屑出现为止。然后用一块半干的干净棉布覆盖在磨砂过的开裂的地方，反复多次待裂口完全合拢后看不见明显的细裂为止。这个过程一般需要几天时间，不能急于求成。然后将胶水涂抹在细裂处进行粗磨、砂磨、抛光，最后用生漆或者蜂蜡进行表面修饰。恢复到原来的状态就完成了。

二、中裂的修补

中裂的概念是裂缝在 0.5 毫米以上或者是看得见透光。中裂的产生是一个综合性问题，产生部位基本上都是在板面上，譬如台面、门面、抽屉面这些部位。在生产过程中以下两个环节不重视，必定会给后期家具埋下隐患，中裂是必然会出现的。1. 木工在组装成品时，将面框与面板之间应该预留的收缩距离用木板粘在了面框上，使两者之间没有活动的空间，在后期空气湿度、温度发生变化时，面板不能自由伸缩，导致开裂，甚至撕裂。2. 油漆工的操作不仔细，没有做好面板之间缝与缝的清洁处理，油漆将两者之间粘住，使得面板开裂。修复时第一步是砂光裂缝表面。第二步是用专用工具处理面板之间的粘合使其两者分离，面板可以自由伸缩。第三步是敲击面板使其裂缝合并，如果敲击后不能合并，需用工具夹模来处理，在裂缝处涂上适量的胶水，然后夹紧让其自然干燥。第四步是在开裂的合并处进行表面刮磨，用家具表面涂抹油漆的方法进行修复。

三、大裂的修复

　　大裂出现的概率非常小，一般发生在使用年代比较久远，使用环境多次改变等情况下，但不排除新做的黄花梨家具中出现大裂。新做家具的大裂出现，首要原因是生产商在生产过程中不按规范制作，急于求成，违背木材自然干燥或者人工干燥的处理要求而导致的。木材中的吸附水分和表面水分还没有平衡就开始生产，木材干燥没有处理好。次要原因是第二节"中裂"中所描述的生产工艺不规范。大裂是多种原因叠加造成的。相对于细微开裂和中裂而言，其修复过程更为复杂。修复时要严格分清是老旧黄花梨家具还是新做黄花梨家具。老旧黄花梨家具修复时，如果板面调整后宽度不够，应配一块老料或者密度比较高的黄花梨原料进行填补。在填补时应测量新补料与老家具面料的含水率是否接近一致，看一下老家具的面板是直纹还是山纹，配比同样纹路的板料，在嵌配的板料上做好上、下搭扣，在老家具填补的地方也做一个上、下搭扣的榫卯使之匹配，涂上胶水，用夹模夹紧，自然干固。新做的黄花梨家具在修复时，首先按中裂的修补方法进行检查处理，然后配上一块与新家具的板料含水率、纹饰基本相同的板料，做上搭扣榫卯进行涂胶粘合，同时用夹模夹紧。在修配时新添的木板位置最好调整至中间部位。做完这些程序后，按照中裂的修饰方法进行后期的表面修饰。

四、散架的修复

散架的黄花梨家具一般使用年限都比较长。在民间，黄花梨家具一般使用年限都会在 100 年以上。对于散架、榫卯松动的家具，修复有多种方法，常用的有两种，根据使用者的需求而定，分别是修旧如旧、修旧如新。

1. 修旧如旧：只要将已散架的家具构件归类，将榫卯结构处修理、砂光，除去污渍。如果榫卯结构不够紧配，需在榫卯结构部件上进行增料填补，然后进行组装，组装成产品后在榫卯连接处进行表面的修整，将与老家具感觉有差异处进行做旧处理，这样就完全恢复原样了。

2. 修旧如新：将所有散架的零部件进行全面磨砂，将表面污渍、油漆全部处理干净，然后检查榫卯结构是否紧配，再加以修复，进行组装。在组装过程中适当在关键部位涂上胶水使之牢固，组装完成后进行表面抛光处理，上生漆或者蜂蜡，根据用户需求进行修复。

五、折断、缺件的修复

　　黄花梨家具的折断一般在椅子类家具上发生得比较普遍，人们坐姿的不规范会导致椅子重心偏移，榫卯松动。若椅子的腿料纹理不是使用直纹，而是使用了山纹，椅腿就会折断。折断后的椅腿只能进行更换。方法是将折断部件拆下来，按照原来的尺寸、大小、料件进行修制。如果在拆卸过程中有其它构件连结，不要拆坏，需一并拆下，如果需要修旧如旧，就按第四节"散架的修复"的方法进行修复，但需要强调的是，换上去的这根木料一定要先做做旧处理。修旧如新同样按第四节方法修复。

　　缺件一般以小件居多，譬如卡子花、枨子、束腰、冰盘沿线、档板、矮老等部件，这些部件的配置按照家具中原有的配件进行一比一仿制，材料上选择相近颜色、纹头的材料，装配上去，最后根据第一节的表面修饰方法进行修饰。

六、霉变腐朽的修复

　　黄花梨家具的耐霉、耐腐性是非常强的，霉变、腐朽是极个别现象，但不排除这种可能。产生这种现象的重要因素就是使用者将这些珍贵的家具长期置放在一个既不通风又潮湿黑暗的空间里，而且基本上不进行保养。如果是轻微的霉变，用1000目砂纸砂磨，去除霉变的痕迹，做好保护层，修饰表面即可。如果霉变程度比较深，则需要刮磨去除霉变的部分；如果凹陷明显，需进行填补；如果凹陷不明显，但手感又感觉与板面有高低差，需检查一下霉变处的木料厚度，如果允许的话，将整个表面磨平，然后进行表面修饰。

　　腐朽一定要用专业修理工具，铲除腐朽部分。铲除后根据损坏部分的大小判断是进行表面填补、装饰还是更换腐朽结构。腐朽不是太多、太大，则用挖补的方法修复，用工具去除腐朽部分，然后用相同的木屑或木片进行填补，填补后进行刮磨、

图 56　　　　　　　图 57

图 58　　　　　　　图 59

图 60　　　　　　　图 61

抛光、修饰等表面处理。如果腐朽很明显且腐朽面积过大，则需要进行拆卸更换腐朽部分，更换的木料要与老家具的材料一致，颜色、含水率都要接近原来家具的状态，最后再进行刮磨、抛光、修饰，完成整套工艺流程，修复如初。图56、图57、图58、图59是损坏严重的家具，图60、图61、图62是修复好的家具。

图62

第五章

黄花梨家具及
工艺品欣赏

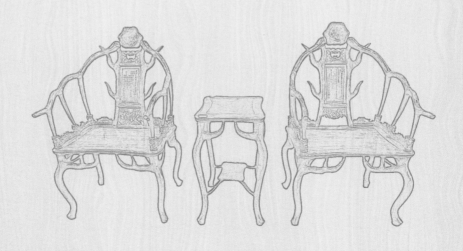

一、黄花梨鹿角椅

用黄花梨木制作的鹿角椅并不多见，最早出现在清代初期，历史比较悠久（图 63）。鹿角椅的出现比较偶然，大概是满族首领在狩猎时突发奇想，用鹿角的形态制作一款座椅供狩猎时享用而产生的。

鹿角椅的器形比较简单，但制作工艺比较精细。座椅的主要支撑框架都是弯曲形状，这给制造者增加了难度。需要对整套椅子的尺寸比例、用料粗细进行合理安排。不仅要像鹿的形态，还需要让使用者坐得舒服，这在当时的工艺操作上是有一定难度的。图 63 这套椅子的用料是非常好的。所有的弯曲圆形柱料都是用整块大厚板锯切修磨而成，所以这套座椅从器形、韵味、欣赏角度来看，是一款很好的收藏品，既有收藏价值，又有使用价值，民间此款座椅非常少见。

图 63

二、黄花梨顶箱柜

    黄花梨顶箱柜有两种做法。一种是采用全部素板制作而成（图 64），另一种采用全部雕花板制作而成（图 22）。虽然二者都是顶箱柜，但差异是非常大的。素面顶箱柜采用的原料要求高，需要每块木板都没有任何缺陷。图 64 的顶箱柜更是难能可贵，上、下面板采用的都是一根大料剖板，而且不带缺陷。面板上、下、左、右都非常对称，好似一幅山水画。更奇的是一块面板同时产生了两种不同的颜色，一黑一红且对称，目前在市场上极其罕见，是收藏者的宠儿。

图 64

三、黄花梨虎皮纹花板

黄花梨虎皮纹花板（图 65、图 66）在黄花梨的特征描述中都有记载，但能用如此一块大的虎皮纹木料来制作家具是非常少见的。要想长成如此逼真的虎皮纹，树的生长年限会非常长，而且在生长过程中饱受大自然风雨摧残的考验，生存下来实属少见。此黄花梨虎皮纹花板非常珍贵。

图 65

图 66

四、黄花梨雕件

图 67 这是一件用整块老料黄花梨木料雕刻而成的独龙戏珠雕件，重达 4 千克以上。木材的含油量非常高，表面油滑光亮，做工精细，纯手工雕刻而成，木材的花纹面极其漂亮。雕件的背面（图 68）布满了鬼脸形状花纹。如此多的鬼脸花纹汇集在一处，是这个雕件的又一奇特之处，在红木收藏界也是稀有之物。

图 67

图 68

后　记

　　《红木及红木家具》一书出版发行之后，受到诸位师长友人的推崇、广大红木爱好者的赞誉，一如渊明先生所言："木欣欣以向荣，泉涓涓而始流。"大家对红木艺术的向慕和喜爱汇成涓涓清流，滋养着我继续创作的灵感源泉。

　　大家的期盼和意愿，逐渐化作我执笔的愿力，《黄花梨的鉴赏与应用》一书便在归去来兮之间、重刻细镂之余，水到渠成，飘然问世。下笔，力求简洁清新；用图，旨在妙趣天成。言有尽而意无穷，在说不完、也说不尽的博大中但求一隅精深。

　　在对黄花梨木性和家具描述上，从花纹到色彩，从香味到触感，从明清到现代，从结构到器形，从部件到组合，从使用到保养，从修复到品鉴，一目了然，一叶知秋，俨然成为一本欣赏红木艺术、购买红木作品的实用书、指导书。

管子曰："十年树木，百年树人。"一个民族和家庭只有重视人才培育，才能芳华永续、生生不息。2023年元月，恰逢我的孙女赵思言出生，并将赴澳洲生活，因而以本书为礼，祝福思言如树木一般欣欣向荣、健康成长，常思人生初心，善言中华文化。

最后，向为本书出版发行提供支持和帮助的中国美术学院出版社、诸位师长友人、广大红木爱好者表示衷心感谢！

此记。

赵大吉

2023年10月13日于韶关

参考资料：

红木种类及标准取自中国国家标准化管理委员会批准的中华人民共和国国家标准 GB/T18107-2000《红木》。